BEI GRIN MACHT SICH IHR WISSEN BEZAHLT

- Wir veröffentlichen Ihre Hausarbeit,
  Bachelor- und Masterarbeit

- Ihr eigenes eBook und Buch -
  weltweit in allen wichtigen Shops

- Verdienen Sie an jedem Verkauf

Jetzt bei www.GRIN.com hochladen
und kostenlos publizieren

Norbert Jost

Stahl mit Formgedächtnis

Werkstoffkundliche Grundlagen und Anwendungspotenziale

GRIN Verlag

Bibliografische Information der Deutschen Nationalbibliothek:

Die Deutsche Bibliothek verzeichnet diese Publikation in der Deutschen National-
bibliografie; detaillierte bibliografische Daten sind im Internet über http://dnb.d-
nb.de/ abrufbar.

Dieses Werk sowie alle darin enthaltenen einzelnen Beiträge und Abbildungen
sind urheberrechtlich geschützt. Jede Verwertung, die nicht ausdrücklich vom
Urheberrechtsschutz zugelassen ist, bedarf der vorherigen Zustimmung des Verla-
ges. Das gilt insbesondere für Vervielfältigungen, Bearbeitungen, Übersetzungen,
Mikroverfilmungen, Auswertungen durch Datenbanken und für die Einspeicherung
und Verarbeitung in elektronische Systeme. Alle Rechte, auch die des auszugsweisen
Nachdrucks, der fotomechanischen Wiedergabe (einschließlich Mikrokopie) sowie
der Auswertung durch Datenbanken oder ähnliche Einrichtungen, vorbehalten.

Impressum:

Copyright © 2007 GRIN Verlag GmbH
Druck und Bindung: Books on Demand GmbH, Norderstedt Germany
ISBN: 978-3-640-20709-1

Dieses Buch bei GRIN:

http://www.grin.com/de/e-book/82951/stahl-mit-formgedaechtnis

GRIN - Your knowledge has value

Der GRIN Verlag publiziert seit 1998 wissenschaftliche Arbeiten von Studenten, Hochschullehrern und anderen Akademikern als eBook und gedrucktes Buch. Die Verlagswebsite www.grin.com ist die ideale Plattform zur Veröffentlichung von Hausarbeiten, Abschlussarbeiten, wissenschaftlichen Aufsätzen, Dissertationen und Fachbüchern.

Besuchen Sie uns im Internet:

http://www.grin.com/

http://www.facebook.com/grincom

http://www.twitter.com/grin_com

Stahl mit Formgedächtnis

Werkstoffkundliche Grundlagen und Anwendungspotenziale

von

Prof. Dr.-Ing. Norbert Jost

Inhaltsverzeichnis

Zusammenfassung

In den sogenannten „Formgedächtnisstählen" steckt im Vergleich zu den konventionellen Formgedächtnislegierungen wie Nickel-Titan oder Kupfer-Zink Legierungen ein überaus großes und bisher nicht im Entferntesten ausgeschöpftes Potenzial. Zwar sind die maximalen Ein- und Zweiwegeffekte, d.h. die reversiblen Formänderungsanteile deutlich kleiner, doch decken die Formgedächtnisstähle auf Basis von Fe-Ni-Legierungen dafür wiederum sehr viel größere Bereiche der technisch nutzbaren Umwandlungstemperaturen und -hysteresen ab. Daneben erreichen sie aufgrund der für die Einstellung des Formgedächtnisses unbedingt notwendigen Ausscheidungshärtung bei den maximalen Festigkeiten ebenfalls sehr gute Werte. Diese sind jedoch ganz wesentlich von spezifischen thermischen und/oder mechanischen Parametern abhängig.

1. Einleitung

Formgedächtnislegierungen (FGL) wie z.B. NiTi oder CuZnAl sind seit langem bekannt und können daher bereits als konventionell bezeichnet werden. Relativ neu und lange Zeit bei vielen Forschern als für nicht möglich angesehen sind Stähle mit Formgedächtniseigenschaften.

Die Zielsetzung für ihre Entwicklung ist die Verbindung der Preiswürdigkeit von Cu-Basis-Legierungen mit der Leistungsfähigkeit von NiTi-Legierungen. Damit sind sie sowohl im Hinblick auf industriell/wirtschaftliche- als auch auf werkstoffwissenschaftliche Aspekte von ganz besonderem Reiz. *Tabelle 1* zeigt eine Übersicht von martensitisch umwandelnden Fe-Basis-Legierungen, bei denen bisher mehr oder weniger deutlich Formgedächtnsieffekte (FGE) nachgewiesen werden konnten. Nach relativ langen Forschungsaktivitäten haben sich in diesem Bereich zwei große Entwicklungstendenzen herauskristallisiert. Zum einen sind dies Legierungen auf Fe-Ni- und zum anderen auf Fe-Mn-Basis [1,2].

Im folgenden wird das im Augenblick wieder neu in das Blickfeld internationaler Forschungsaktivitäten rückende Beispiel der FGL des Typs Fe-Ni (hier im Speziellen Fe-Ni-Co-Ti-Legierungen) ausführlich vorgestellt.

2. Werkstoffwissenschaftliche Grundlagen

Aus den mechanischen und thermo-dynamischen Komponenten der martensitischen Umwandlung ergeben sich die Voraussetzungen für FGE. Die wichtigste und bei Fe-Basis-Legierungen gleichzeitig die am schwierigsten zu realisierende Eigenschaft, die dabei erreicht werden muss, ist die Thermoelastizität des Martensits. Diese wird gekennzeichnet durch [3]:

- die Reversibilität der Umwandlung
- eine kleine Temperaturhysterese zwischen der Hin- und Rückumwandlung (dabei sollten die Rückumwandlungstemperaturen A_s und A_f grundsätzlich deutlich unter etwa 350°C liegen),
- eine bewegliche Phasengrenzfläche zwischen Austenit und Martensit sowie
- ein identischer mikrostruktureller Rückweg in den Austenit wie bei der Umwandlung in den Martensit.

Legierungs- system	Zusammensetzung [m-%]	Umwandlung	M_s
Fe–C	< 0,2 C 0,2÷1,4 C 1,5÷1,8 C	kfz → krz kfz → trz kfz → trz	~ 460 ~ 100 ~ 0
Fe–Ni	4÷20 Ni 21÷28 Ni 29÷34 Ni	kfz → krz kfz → krz kfz → krz	470÷150 130÷0 −20 ÷ −200
Fe–Mn	< 15 Mn 16÷25 Mn	kfz → krz kfz → hdp	860÷180 160÷0
Fe–Ni–C	12÷30 Ni 0,4÷1,2 C	kfz → trz	100 ÷ −200
Fe–Cr–Ni	11÷19 Cr 7÷17 Ni	kfz → krz kfz → hdp	50 ÷ −150
Fe–Mn–C	4÷13 Mn 0,2÷1 C	kfz → trz kfz → hdp kfz → hdp → trz	0 ÷ − 200
Fe–Pt	25at.–% Pt	kfz → krz	− 50
Fe–Pd	31at.–% Pd	kfz → tfz	− 90

Tabelle 1: *Martensitisch umwandelnde Fe-Basis-Legierungen*

Aufgrund der Umwandlungsthermodynamik von FGL (auf die hier nicht weiter ein-
gegangen werden soll – der interessierte Anwender findet jedoch in der angege-
benen Literatur zahlreiche Stellen hierzu) sind die für die Praxis sinnvollen chemischen Zusammensetzungen generell relativ eng vorgegeben. Die Bilder 1 a+b zeigen
dies für das Legierungssystem Fe-Ni-Co-Ti. Die Lage der möglichen Legierungen ist
hierbei sehr gut in einem Realisierungsdiagramm des Dreistoffsystems Fe-Ni-Co abzu-
lesen (*Bild 1 a*, siehe Feld IV). Vereinfacht ist dies nochmals in *Bild 1 b* in einem schema-
tischen Fe-Ni-Co-Dreistoffdiagramm dargestellt.

Das austenitische Ausgangsgefüge wie es nach einer Lösungsglühung vorliegt und ein
ideales Gefüge für die weiteren notwendigen Schritte darstellt, zeigt *Bild 2 a*. Wird dieser Zustand nun unter die Martensitstarttemperatur unterkühlt, so wandelt er martensitisch um (*Bild 2 b*). Die Umwandlung verläuft hier jedoch noch vollkommen normal
(also irreversibel), d.h. der Werkstoff besitzt in diesen Zuständen noch keinen Form-

gedächtniseffekt. Dieses Verhalten kann der Fachmann bereits an der Morphologie der Martensitnadeln erkennen. Diese sind sehr breit und haben daher in ihrer Umgebung zu großen Anteilen nichtreversibler plastischer Verformung geführt.

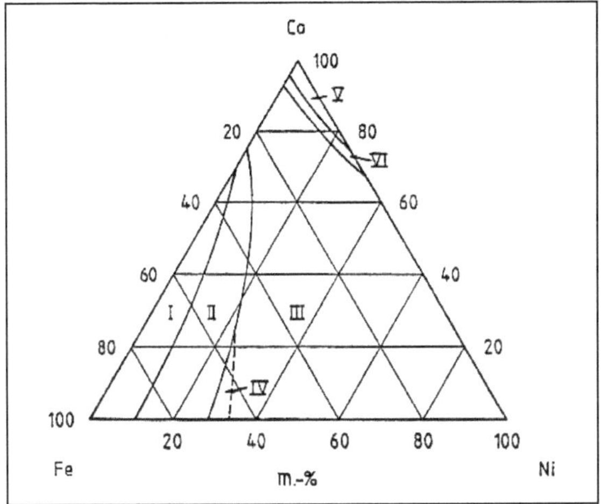

Bild 1a:
Realisierungsdiagramm des Dreistoffsystems Fe-Ni-Co bei Raumtemperatur
I: Ferrit,
II: Martensit,
III: Austenit,
IV: Martensit bei Abkühlung (-196°C),
V: hexagonale Phase,
VI: hexagonale Phase und Austenit

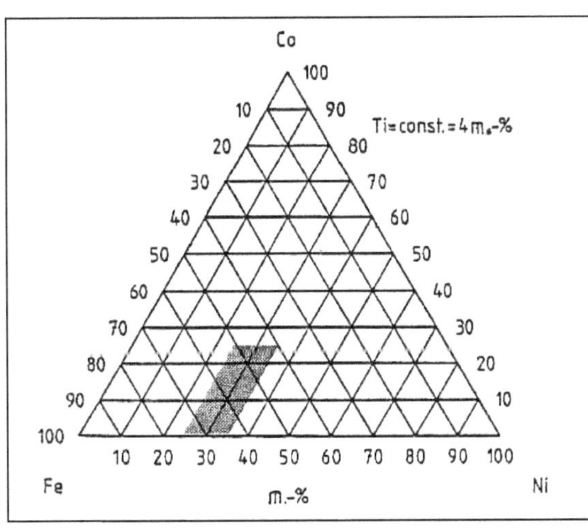

Bild 1b: *Lage der möglichen Legierungen im Dreistoffsystem Fe-Ni-Co (Ti = konst. = 4 m-%), schematisch*

Bild 2a: *Austenitisches Gefüge nach Homogenisierung, (ideales Ausgangsgefüge)*

Bild 2b: *Typisches Gefüge nach einer martensitischen Umwandlung des Gefüges aus Bild 2a.*

Der eigentlich gewollte FGE wird erst durch eine besondere Wärmebehandlung, dem sogenannten „Austenitaltern", eingestellt. Dabei scheidet sich aus dem übersättigten Austenit die kohärente und geordnete γ-Phase mit der Zusammensetzung $(Ni,Co,Fe)_3Ti$ aus. *Bild 3* zeigt in einer durchstrahlungs-elektronenmikroskopischen Aufnahme, wie solche ausgeschiedenen Teilchen in dieser Legierung aussehen. Sie sind nur wenige Nanometer groß und sind idealerweise fein und gleichmäßig im austenitischen Grundgefüge verteilt. Aufgrund der mit dieser Ausscheidung verbundenen Teilchenhärtung kommt es zu einer deutlichen Härtesteigerung, die um so größer ist, je kleiner die Teilchen sind und je homogener sie in der Matrix verteilt sind.

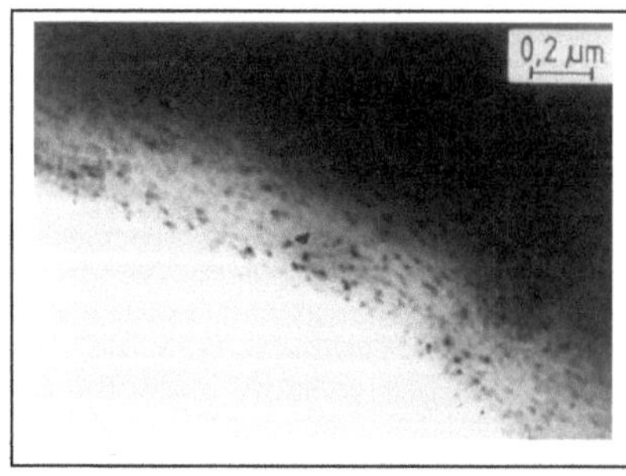

Bild 3: *γ-Teilchen nach einer Ausscheidungshärtung zur Einstellung des gewünschten Formgedächtnisverhaltens (TEM)*

Mit zunehmender Glühdauer wachsen die Teilchen und gehen langsam in die Gleichgewichtsphase η über, die die gleiche chemische Zusammensetzung, jedoch eine hexagonale Gitterstruktur hat. Dabei gehen die Härtungswirkung und damit auch die thermoelastischen Eigenschaften zunehmend verloren (Überalterung).

Wie bzw. mit welchem Mechanismus sorgen denn nun solche Teilchen für eine Änderung des Umwandlungsverhalten und dem Induzieren von FGEen in diesen Legierungen?

Im wesentlichen kommen hier zwei Mechanismen zur Wirkung, die wie folgt näher beschrieben werden können und deren Auswirkungen zum besseren Verständnis zusätzlich schematisch in *Bild 4* dargestellt sind [4]:

- Zum Einen härten die Teilchen die austenitische Matrix und
- zum Anderen den durch Unterkühlung oder eine äußere mechanische Spannung entstehenden Martensit.

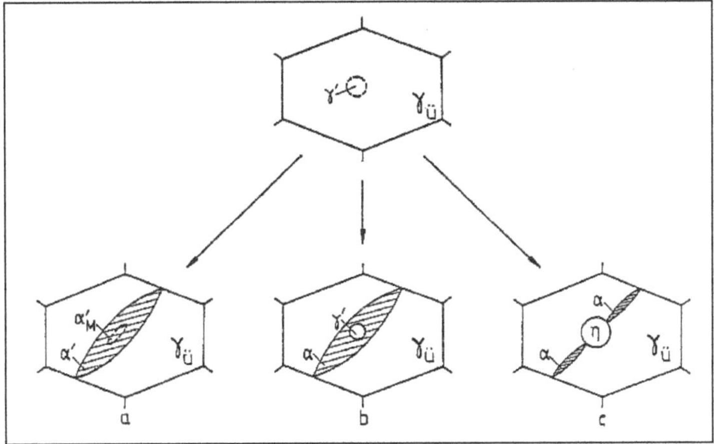

Bild 4: *Wirkung von unterschiedlichen Teilchengrößen auf Keimbildung, Wachstum und Morphologie des Martensits, schematisch*

    a)   *Kleine, kohärente und geordnete Teilchen werden in eine metastabile Struktur mitgeschert.*

    b)   *Größere Teilchen werden von der Umwandlungsfront umgangen.*

    c)   *Teilchen im überalterten Zustand können nicht mehr in den Martensit eingebaut werden, stellen jedoch neue, zusätzliche Keimstellen für seine Bildung dar.*

Je härter dabei der Austenit ist, desto mehr Widerstand wird der umwandlungsinduzierten plastischen Verformung entgegengesetzt. Die Härtung des Martensits beruht darauf, daß die γ-Teilchen an der Scherung bei der Martensitumwandlung teilnehmen und selbst in eine metastabile Struktur α' übergehen können (*Bild 4 a*). Dabei wird ein inneres Schubspannungsfeld aufgebaut, dessen Größe direkt vom Teilchendurchmesser abhängt. Die gescherten Teilchen verhindern die mit der Umwandlung verbundene plastische Verformung, so dass nach der Umwandlung sehr hohe innere elastische, und damit reversible, Spannungen existieren. Diese begrenzen einerseits zwar das Wachstum der Martensitplatten, ermöglichen aber andererseits durch die hohe induzierte Gegenkraft zur Umwandlung eine diffusionsunabhängige Rückumwandlung (Thermoelastizität). Ein geringes Abkühlen führt dann zu Bildung und Wachstum des Martensits, ein geringes Erwärmen zu dessen Auflösung.

Wie sich diese Zusammenhänge auf die real beobachtete Martensitmorphologie auswirken, zeigt *Bild 5 a* für den Fall einer rein thermisch induzierten Umwandlung, und *Bild 5 b* für eine rein spannungsinduzierte martensitische Umwandlung.

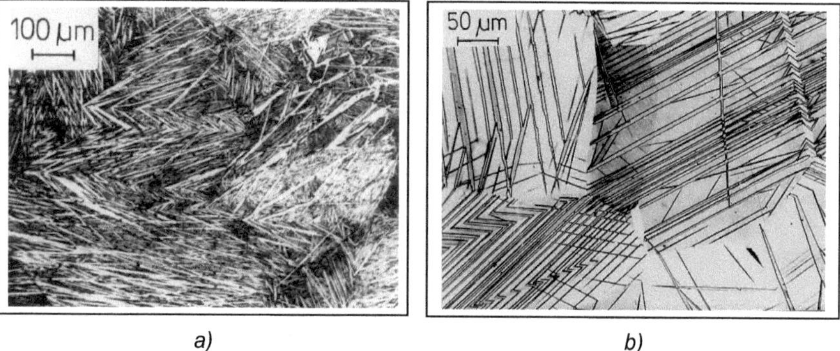

a)   b)

<u>Bild 5:</u> *Martensitmorphologie in einer Fe-Ni-Basis-Legierung mit Formgedächtnis nach einer thermisch induzierten Umwandlung (a) und nach einer spannungsinduzierten Umwandlung (b)*

Größere Teilchen werden von der Umwandlungsfront umgangen, ohne mitgeschert zu werden (*Bild 4 b*). Durch die fehlende Härtungswirkung kann die Umwandlung bei sehr viel höheren Temperaturen als im Fall a) einsetzen; Thermoelastizität und Formgedächtniseignung gehen jedoch zunehmend verloren.

Im überalterten Zustand bekommen die nun sehr großen Teilchen durch ihre inkohärenten Grenzflächen eine keimbildende Wirkung für den Martensit mit der Folge, dass die Martensitstarttemperatur M_s deutlich ansteigt (*Bild 4 c*). Da hier keine FGEe mehr vorhanden sind, ist dieser Fall für die Praxis eher uninteressant.

3. Nachweis der Formgedächtniseigenschaften

Zum Nachweis und zur genauen quantitativen Spezifizierung von FG-Eigenschaften entsprechender Legierungen haben sich verschiedene Verfahren etabliert (die Abbildungen zeigen hierzu einige Messgeräte und Versuchsanordnungen):

- direkte lichtmikroskopische Beobachtung in einem Heiz- und Kühlobjektträger, (*LiMi*), (*Bild 6 a*)
- Messung des elektrischen Widerstandes in Abhängigkeit der Temperatur (ρ_{el})
- Darstellung der Umwandlungsvorgänge als exo- bzw. endotherme Reaktionen (*Differential Scanning Calorimetry*), (*Bild 6 b*)
- Messung des thermischen Ausdehnungsverhaltens (*Dilatometrie*), (*Bild 6 c*).
- Messung des Spannungs-Dehnungs-Temperatur-Verhaltens, (*Zug-/Druckver-suche*).

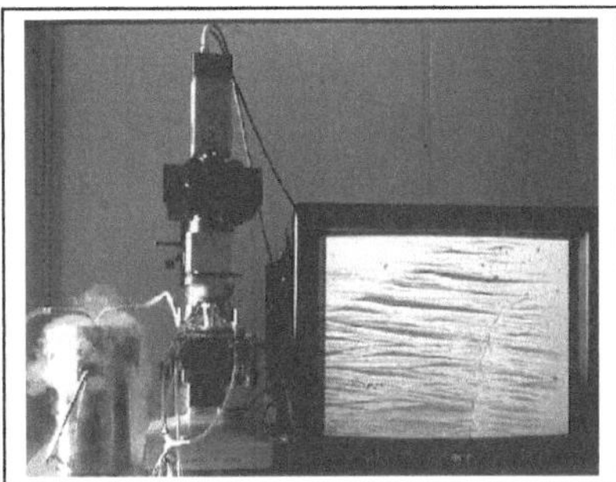

a)

b)

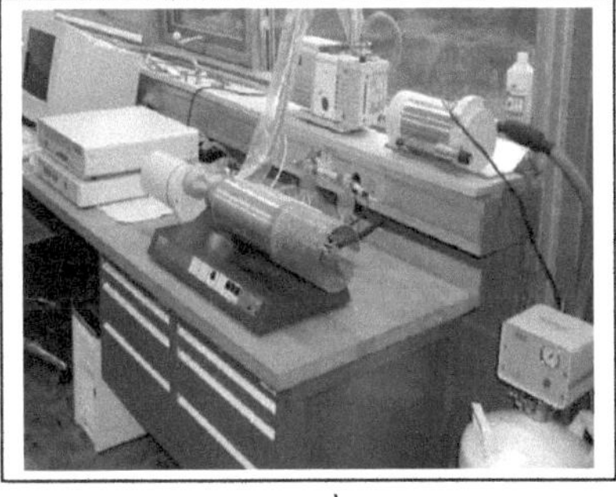

c)

Bild 6: *Verschiedene Methoden zur Untersuchung des Umwandlungsverhaltens von FGL:*
a) Direkte lichtmikroskopische Beobachtung mit Hilfe eines Heiz- und Kühlobjektträgers
b) Messung der endo- bzw. exothermen Reaktionen von Phasenumwandlungen mit Differential Scanning Calorimetry (DSC).
c) Messung des Ausdehnungsverhaltens mit einem Dilatometer

Für die hier betrachteten Fe-Basis Legierungen lässt sich die Wirkung der beschriebenen Mechanismen experimentell am einfachsten mit Hilfe von dilatometrischen Messungen und lichtmikroskopischen Untersuchungen veranschaulichen [5]. Als Beispiel sind in *Bild 7* zunächst einige ausgewählte Dilatometerkurven einer Fe-Ni-Co-Ti-Legierung nach verschiedenen Auslagerungstemperaturen und -zeiten gegenübergestellt. Ausgehend vom homogenisierten Zustand, der bei Erwärmung bis 400°C erwartungsgemäß keine Anzeichen von vollständiger Reversibilität und damit Formgedächtnis zeigt, wird schon nach relativ kurzen Auslagerungen ein beträchtlicher Teil der umwandlungsinduzierten Längenänderung bei Erwärmung rückgängig gemacht, bis letztlich auch die gewünschte vollständige Reversibilität erreicht wird.

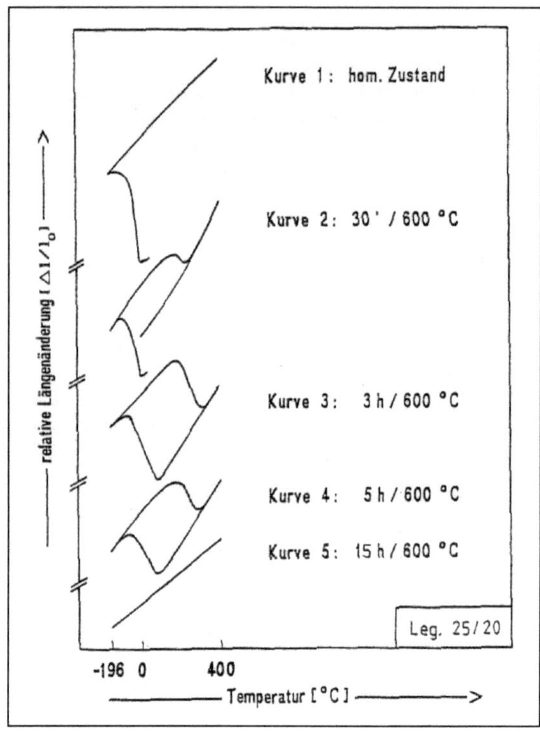

Bild 7: _Ausgewählte Dilatometerkurven einer Fe-Ni-Co-Ti Legierung nach verschiedenen Auslagerungsbehandlungen._

Bild 8 zeigt eine Sequenz von lichtmikroskopischen Gefügeaufnahmen während eines Kühl- und Heizzyklusses. Deutlich ist zu erkennen, dass sich die zuerst gebildeten Martensitnadeln als letzte auflösen und die Rückumwandlung noch unterhalb von 250°C abgeschlossen ist.

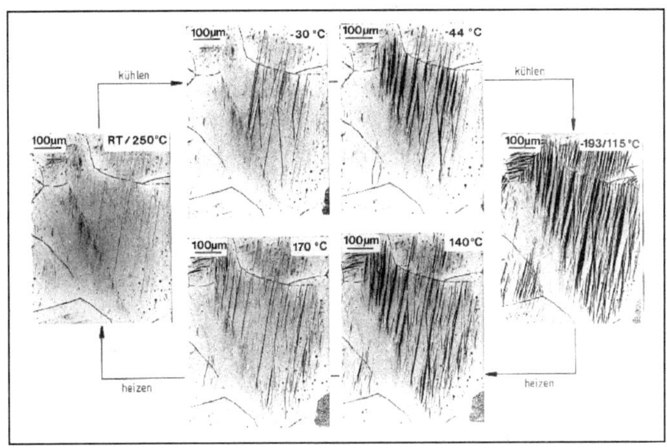

Bild 8: *Fotosequenz während eines Kühl- und Heizzyklusses zum Nachweis der Reversibilität der Umwandlung.*

Wie die beschriebenen mikroskopischen Gefügeveränderungen während der Hin- und Rückumwandlung zu einem „makroskopischen" Formgedächtniseffekt führen, kann für die Fe-Ni-Co-Ti-Legierungen am besten mit Hilfe von Federelementen nachgewiesen werden. *Bild 9* zeigt dies anschaulich an einer Spiralfeder, die bei ca. + 40°C ihre Hochtemperaturform (*Bild 9 a*) und bei ca. -75°C ihre Tieftemperaturform (*Bild 9 b*) erreicht.

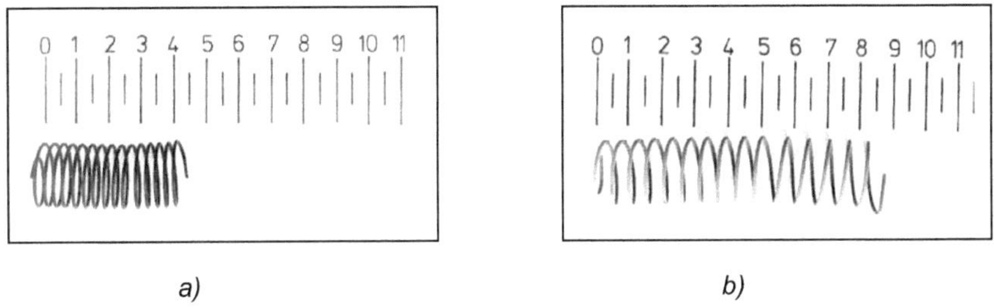

a)   b)

Bild 9: *Hoch- (a) und Tieftemperaturform (b) einer Feder aus einer Fe-Ni-Co-Ti-Formgedächtnis-Legierung*

Eine quantitative Auswertung solcher Versuche an Spiralfedern ist in *Bild 10* dargestellt. Hierbei sind die Federn allerdings so trainiert, dass sie sich bei Abkühlung verlängern. Es ist deutlich zu erkennen, dass in beiden Beispielen bereits nach nur einem einzigen (!) Trainingszyklus den Federn ein Zweiwegeffekt eingeprägt werden kann. Dies ist um so bemerkenswerter, da in konventionellen NiTi-Legierungen hierzu mindestens 10 Trainingszyklen erforderlich sind. Weiterhin wird deutlich, daß der ZWE bei ca. 10 Zyklen ein

Maximum erreicht und dann auf einem nur etwas niedrigerem Level in einem Plateau weiterläuft.

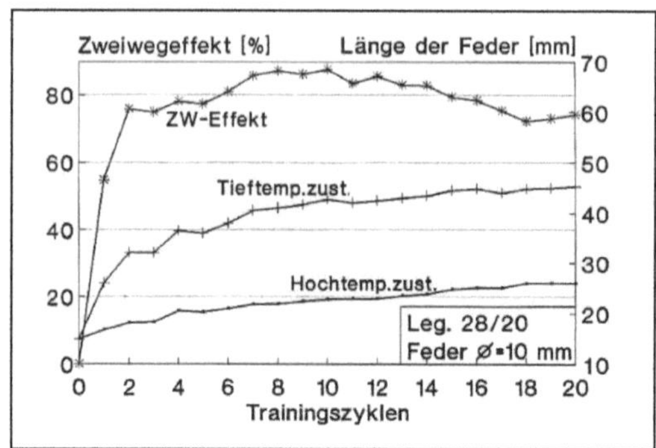

Bild 10: _Größe des Zweiwegformgedächtniseffektes sowie die entsprechenden Federlängen im Hoch- und Tieftemperaturzustand in Abhängigkeit der Anzahl von Trainingszyklen_

4.   Einsatzmöglichkeiten in der Praxis

Wichtige Parameter für die Praxis sind die Schalt- oder auch Umwandlungstemperaturen, bei denen die Umwandlungen jeweils beginnen und enden. Es wird, je nachdem ob das Formgedächtnisbauteil fest eingespannt ist oder nicht, zwischen dem „unterdrückten" Formgedächtnis, bei dem eine Kraft ausgeübt werden kann, und dem „freien" Formgedächtnis, bei dem eine reversible Formänderung genutzt werden kann, unterschieden. Für die breite technische Anwendung sind die beiden folgenden Aspekte von ganz wesentlicher Bedeutung:

- _Für die Hersteller:_ Die Legierungen müssen wirtschaftlich und in gleichbleibend guter Qualität herstellbar und verarbeitbar sein.

- _Für die Anwender:_ Bezüglich der Konstruktionsprinzipien müssen teilweise ganz neue Wege gegangen werden, die den besonderen thermischen und mechanischen Eigenschaften Rechnung tragen. So ist die Kenntnis, ob für die geplante Anwendung als Funktion der Ein- oder Zweiwegeffekt oder die Pseudoelastizität erforderlich ist, eine erste Voraussetzung für die Werkstoffauswahl sowie die weitere Ver- und Bearbeitung.

Bei der industriellen Nutzung von Formgedächtnislegierungen unterscheidet man entsprechend den drei möglichen Effektarten im Wesentlichen die folgenden Einsatzgebiete:

- Kraft- und Verbindungselemente, sowie
- Aktuatoren und Bauteile mit superelastischen Eigenschaften.

Dabei sind die häufigsten heute nachgefragten und angewendeten Bauteilformen aus FGL Runddrähte, Stangen, Hülsen, Bleche und Federn.

Vor diesem Hintergrund ist nun sicher recht interessant, welche Arbeit ein Formgedächtnisbauteil verrichten kann. Auch dieser Aspekt kann für die hier vorgestellten Fe-Basis Legierungen experimentell recht einfach und anschaulich mit Federelementen quantifiziert werden. *Bild 11* zeigt hierzu den Aufbau des Experimentes und *Bild 12* die Auswertung der Messergebnisse in einem Diagramm. Die Effektgröße nimmt mit zunehmender Last zwar leicht ab, doch fällt sie selbst bei einem Gewicht von 1.000 Gramm nicht deutlich unter 60%.

Um nun Federn unterschiedlicher Geometrie sowie aus unterschiedlichen Formgedächtniswerkstoffen miteinander vergleichen zu können, kann mit der folgenden Gleichung die spezifische Federarbeit berechnet werden, wobei F die Federkraft, H den reversiblen Federhub und V_{Feder} das genutzte Drahtvolumen darstellen:

$$w_{spez.} = \frac{F \cdot H}{V_{Feder}} \left[kJ / m^3 \right]$$

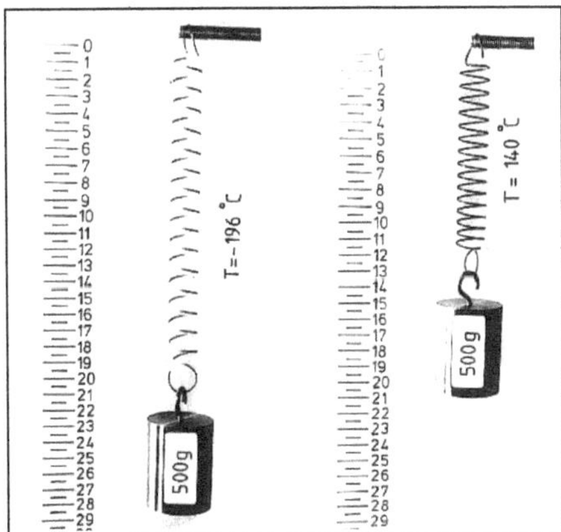

Bild 11: *Verhalten einer trainierten Feder unter einem Gewicht von 500 Gramm und bei hoher und tiefer Temperatur*

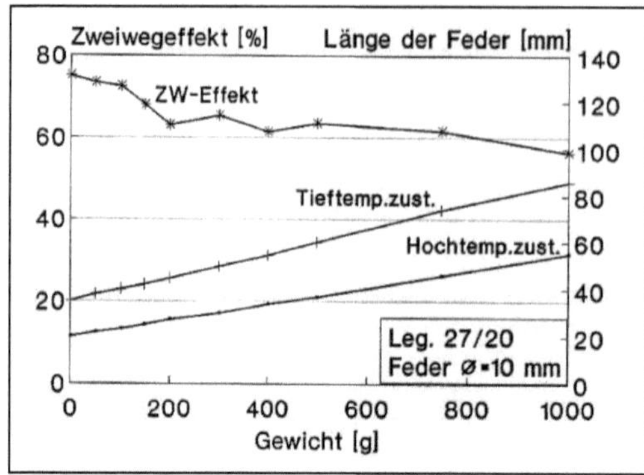

Bild 12: _Größe des Zweiweg-Formgedächtniseffektes sowie die entsprechenden Federlängen im Hoch- und Tieftemperaturzustand in Abhängigkeit einer aufgebrachten Last_

In den _Bildern 13 a, b_ sind entsprechend berechnete Werte für Federn aus drei Fe-Ni-Co-Ti-Legierungen mit unterschiedlichen chemischen Zusammensetzungen und unterschiedlichen Federdurchmessern sowie für vergleichbare Federn aus einer handelsüblichen und praxiserprobten binären NiTi-Legierung gegenübergestellt.

Schon in _Bild 13 a_ ist sehr deutlich zu erkennen, daß die Fe-Ni-Basis-Legierungen mit etwa 1/3 bis 1/2 so hohen Werten wie die NiTi-Legierungen ein bisher nicht für möglich gehaltenes Leistungsniveau erreichen. Wird in die Betrachtung noch der wirtschaftliche Aspekt mit einbezogen, wie es für potentielle praktische Anwendungsfälle nur folgerichtig ist, und die ermittelten Werte der spezifischen Arbeit auf den Herstellungspreis einer Feder bezogen, so ergibt sich beim Vergleich _Bild 13 b_. Das Verhältnis hat sich nahezu vollständig umgekehrt, wobei die untersuchten Federn aus Fe-Ni-Basis-Legierungen in dieser Darstellung mehr als doppelt so gut sind wie die Federn aus der NiTi-Legierung.

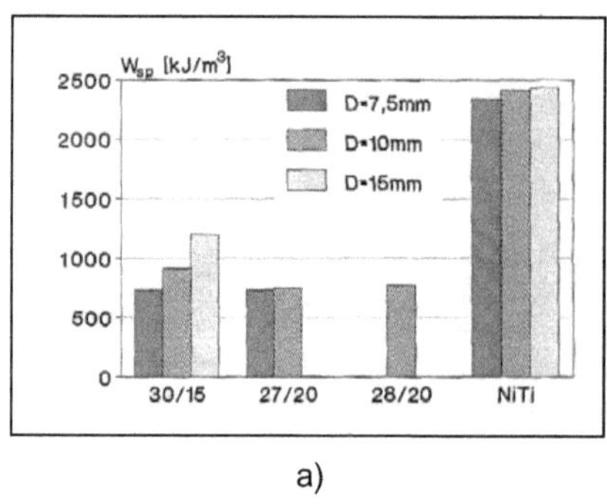

a)

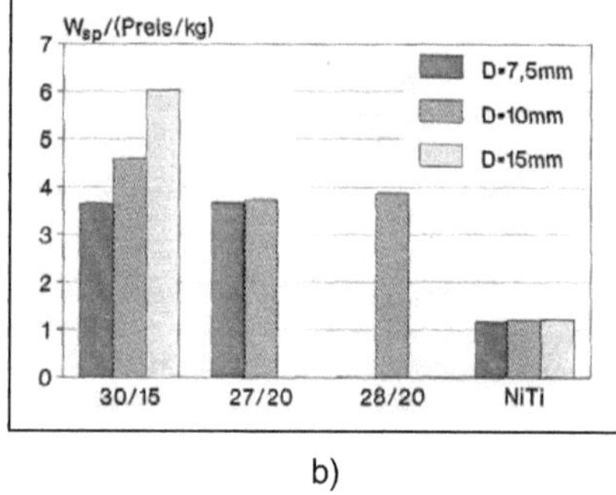

b)

Bild 13:
a) _Vergleich der spezifischen Arbeit von Formgedächtnisfedern aus Fe-Ni-Co-Ti und NiTi-Legierungen._
b) _wie a), jedoch bezogen auf die gesamten Herstellungskosten (vom Legierungsmaterial bis zur fertigen Feder mit FGE)_

5. Zusammenfassung und Ausblick

Resümierend bleibt zu bemerken, dass in den sogenannten „Formgedächtnisstählen" im Vergleich zu den konventionellen FGL ein großes Potential in vielerlei Hinsicht vorhanden ist. Die maximalen Ein- und Zweiwegeffekte, d.h. die reversiblen Formänderungsanteile sind zwar deutlich kleiner, doch decken die Fe-Ni-Basis-Legierungen dafür wiederum sehr viel größere Bereiche der technisch nutzbaren Umwandlungstemperaturen und -hysteresen ab, (*Bilder 14 a-d*). Daneben erreichen sie aufgrund der Ausscheidungshärtung bei den maximalen Festigkeiten ebenfalls sehr gute Werte. Diese sind jedoch ganz wesentlich von folgenden Parametern abhängig [6], (*Bild 15*).

- chemische Zusammensetzung
- thermomechanische Behandlung (Auslagerungszeit und -temperatur) und
- martensitischen oder austenitischen Zustand

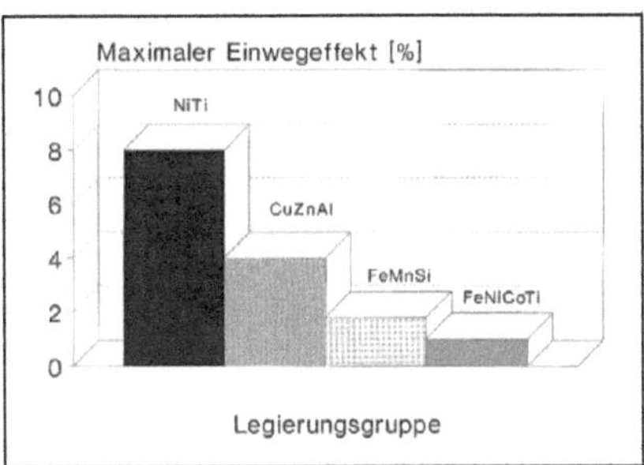

a)

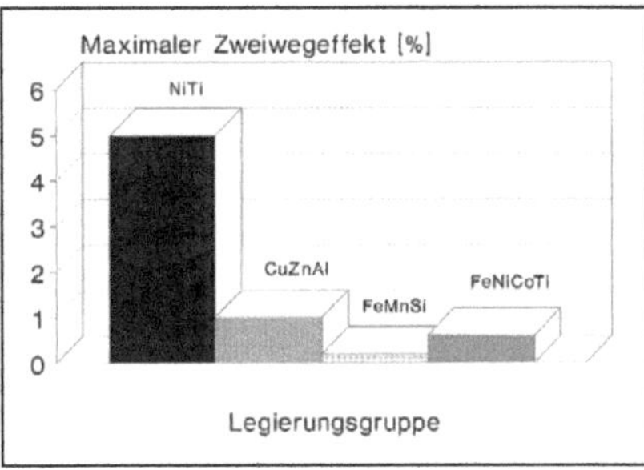

b)

c)

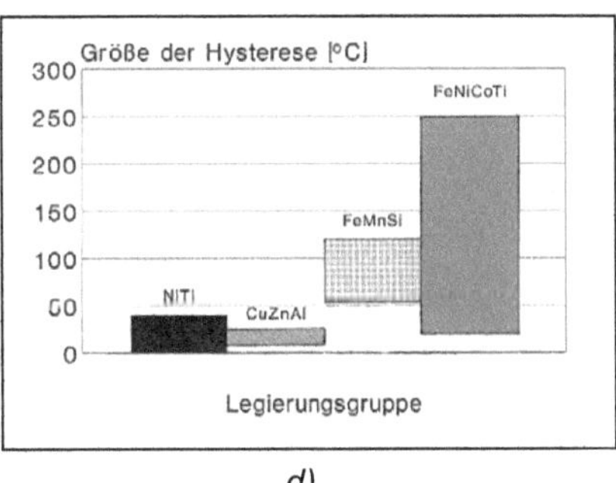

d)

<u>Bild 14:</u> *Vergleich diverser wichtiger Kenngrößen zur Charakterisierung von FGL:*
a) maximal möglicher Einwegeffekt
b) maximal möglicher Zweiwegeffekt
c) Realisierungsbereiche der Umwandlungstemperaturen
d) Realisierungsbereiche der Temperaturhysteresen

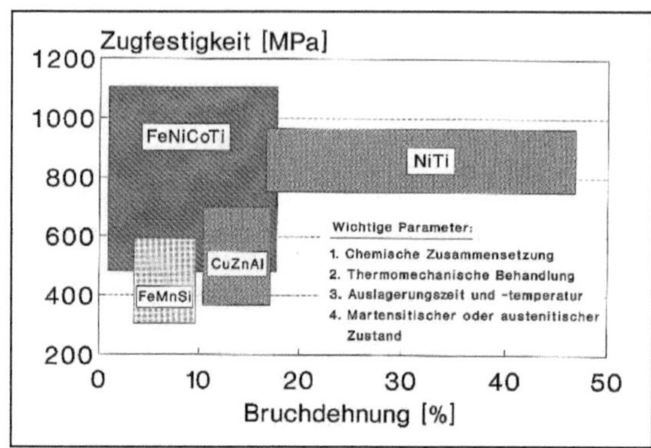

Bild 15: _Vergleich wichtiger mechanischer Kenngrößen verschiedener Formgedächtnislegierungen_

Das beschriebene Problem der sehr kleinen reversiblen Formänderungen kann beispielsweise recht effektiv durch konstruktive Maßnahmen wie zum Beispiel eine Spiralfeder, bei der sich die reversiblen Formänderungen jeder Windung zu einem beträchtlichen Gesamtweg aufaddieren, „künstlich" verstärkt werden. Darüber hinaus benötigt man für viele   Anwendungen, beispielsweise Rohrverbindungsmuffen, keine großen Formänderungen, um einen sicheren Einsatz zu gewährleisten.

Am Schluss dieses kleinen Beitrages kann sicher der berechtigten Hoffnung Ausdruck verliehen werden, dass mit den hier beschriebenen Fe-Ni-Co-Ti-Legierungen nach vielen Jahren der Forschung vielleicht für die praktische Anwendung doch bald eine neue Gruppe von Formgedächtnislegierungen zur Verfügung steht, die sowohl preiswert als auch leistungsfähig ist. Darüber hinaus sind für die Produktion und Weiterverarbeitung keine speziellen Anlagen erforderlich. Neben dem werkstoffwissenschaftlichen Reiz erscheinen diese Legierungen damit auch unter wirtschaftlichen Gesichtspunkten überaus interessant und könnten in einigen speziellen Anwendungsfällen sicherlich eine ernstzunehmende Alternative zu den konventionellen FGL darstellen.

6.   Literaturhinweise

[1]   N. Jost, „Martensitische Umwandlung und Formgedächtnis in Fe-Ni-Basis-Legierungen", VDI-Fortschrittberichte, **Reihe 5**, **Nr. 169**, VDI-Verlag GmbH, Düsseldorf

[2]   M. Sade, K. Halter, E. Hornbogen, „Transformation Behaviour and One-Way Shape Memory Effect in Fe-Mn-Si Shape Memory Alloys", J. Mat. Sci. Lett. **9** (1990), 112-115

[3]   N. Jost, „Reversible Transformation and Shape-Memory-Effects due to Thermo-Mechanical Treatments of Fe-Ni-Co-based Austenites", Proc. Int. Conf. on Martensitic Transformations (ICOMAT), Sydney, Australia, Materials Science Forum Vol. **56-58** (1990), B.C. Muddle (ed.), 667-672

[4]   E. Hornbogen, N. Jost, „Alloys of Iron and Reversibility of Martensitic Transformations", Proc. Europ. Symp. On Martensitic Transformation and Shape-Memory Properties, Aussois, France, Journal de Physique IV, G. Guenin (ed.), (1991), 199-210

[5]   M. Graudejus, N.Jost, „Prüfung der Umwandlungstemperaturen von Formgedächtnislegierungen", Vortrag zur Tagung 'Werkstoffprüfung 1997', 04./05.12.1997, Bad Nauheim, FRG

[6]   N. Jost, „Thermal Fatigue of Fe-Ni-Co-Ti Shape Memory Alloys", Int. Conf. on Martensitic Transformations (ICOMAT), San Carlos de Bariloche, Argentinien, Mat. Sci. & Eng. A 273-275, (1999), 649-653